# BEI GRIN MACHT SICH IHR WISSEN BEZAHLT

- Wir veröffentlichen Ihre Hausarbeit, Bachelor- und Masterarbeit

- Ihr eigenes eBook und Buch - weltweit in allen wichtigen Shops

- Verdienen Sie an jedem Verkauf

Jetzt bei www.GRIN.com hochladen und kostenlos publizieren

**Bibliografische Information der Deutschen Nationalbibliothek:**

Die Deutsche Bibliothek verzeichnet diese Publikation in der Deutschen National-
bibliografie; detaillierte bibliografische Daten sind im Internet über http://dnb.d-
nb.de/ abrufbar.



**Impressum:**

Copyright © 2015 GRIN Verlag, Open Publishing GmbH
Druck und Bindung: Books on Demand GmbH, Norderstedt Germany
ISBN: 978-3-668-15321-9

**Dieses Buch bei GRIN:**

http://www.grin.com/de/e-book/315451/maschinelle-kernfertigung-grundlagen-
verfahrensablauf-und-abhilfe-bei

Florian Piehler

# Maschinelle Kernfertigung. Grundlagen, Verfahrensablauf und Abhilfe bei möglichen Problemen

GRIN Verlag

# Maschinelle Kernfertigung
## - Verfahrensablauf

Abschlussarbeit

14. VDG-Zusatzstudium 2014/2015

RWTH Aachen
TU Bergakademie Freiberg
VDG-Akademie Düsseldorf

vorgelegt von

**Dipl.-Wirtsch.-Ing. (FH)
Florian Piehler**

Oktober 2015

## Inhaltsverzeichnis:

Abbildungsverzeichnis:

## Abkürzungsverzeichnis:

| | |
|---|---|
| 3D | dreidimensional |
| Abb. | Abbildung |
| AG | Aktiengesellschaft |
| BDG | Bundesverband der deutschen Giessereiindustrie |
| °C | Grad Celsius |
| ca. | circa |
| $CO_2$ | Kohlenstoffdioxid |
| DMEA | Dimethylamin |
| et al. | et alii, und andere |
| f. | folgende |
| ff. | fortfolgende |
| ggf. | gegebenenfalls |
| $g/mm^2s$ | Massenstrom |
| l | Liter |
| mm | Millimeter |
| m/s | Geschwindigkeit |
| Nr. | Nummer |
| S. | Seite |
| $SiO_2$ | Siliziumdioxid |
| $SO_2$ | Schwefeldioxid |
| TEA | Trithylamin |
| u.a. | und andere |
| vgl. | vergleiche |
| z.B. | zum Beispiel |

# 1 Einleitung

Kerne werden benötigt um an Gussteilen Innen- und Aussenkonturen bei Vorliegen von Hinterschnitten herzustellen. Meist werden diese aus Sand gefertigt und dann in die Sandform oder Kokille eingelegt. An Kokillen können Außenkerne auch aus Stahl als hydraulisch betätigte Schieber ausgeführt sein.

Zwar werden seit über 5000 Jahren Metalle in Formen gegossen jedoch sind in den letzten 60 Jahren grundlegende Entwicklungen in der Gießereitechnik getätigt worden. Es hat hier ein Wandel von der empirisch geprägten, handwerklichen Gussherstellung zur wissenschaftlich fundierten industriellen Gussfertigung stattgefunden.
Einen fundamentalen Beitrag hierzu leistete Johannes Carl Adolf Croning mit seinem Patent Nr. 832 937 "Verfahren zur Herstellung von Giessereihohlkernen und Giessereiformhäuten" vom 02. Februar 1944. Dieses revolutionierte die Kernfertigung und begründete den Beginn der Verwendung und Entwicklung von kunstharzgebundenen Formstoffen in der Gussfertigung. Vor dieser revolutionären Entwicklung wurde in der Kernfertigung hauptsächlich Ölsand eingesetzt.

**Abbildung 1: Maskenformmaschine Croning 1970 (Quelle: Recknagel 2011)**

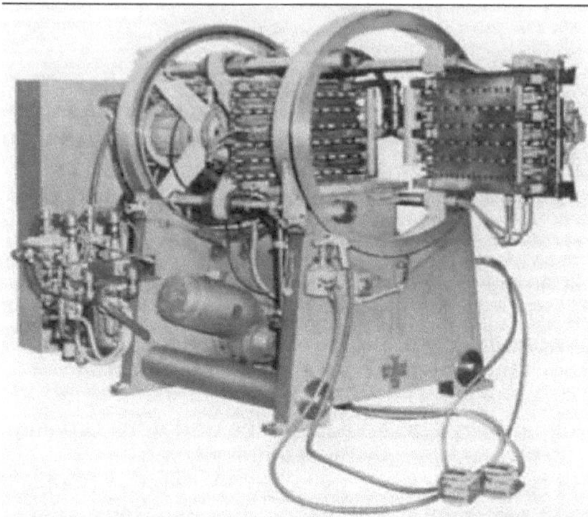

**Abbildung 2: Maskenkernblasmaschine (Quelle: Recknagel 2011)**

Um diese Kernfertigung industriell anwendbar zu machen, entwickelte, konstruierte und baute Croning mit seinem Mitarbeiter Mathias Klemmer selbst die Maschinen. Bis 1950 wurden diese Maschinen nach dem Blasverfahren und danach nach dem Kernschießverfahren, welches etwa zur selben Zeit in den USA entwickelt wurde, konstruiert.
Ab 1963 kam das Hot-Box-Verfahren, welches in Frankreich entwickelt und in den USA weiterentwickelt wurde, zum Einsatz.
Ein weiterer Meilenstein war 1968 die Entwicklung des Cold-Box-Verfahrens, wobei Phenolharze mit katalytischer Aushärtung in kalten Kernkästen zum Einsatz kommen.
(vgl. Recknagel 2011, S.279ff.)

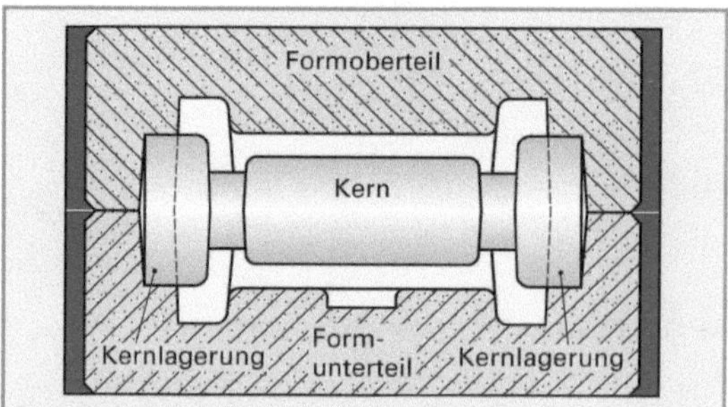


**Abbildung 3: Kern in einer Sandform (Quelle: Roller et al. 2015)**

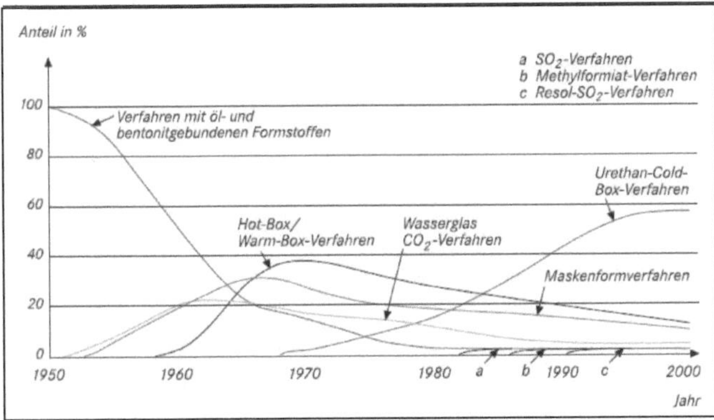


**Abbildung 4: Zeitliche Entwicklung unterschiedlicher Kernformverfahren (Quelle: Tilch, Polzin 2006)**

Heute findet die Kernfertigung für Großserien meist hoch automatisiert statt. Die Kerne durchlaufen unter geringen Mitarbeitereinsatz verschiedene Arbeitsschritte wie z.B. Entgraten, Montieren / Fügen, Kontrollieren, Schlichten sowie Palettieren. Dadurch können Taktzeiten teilweise halbiert und Produktionsflächen minimiert werden. Teilweise werden hier komplette Kernpakete hergestellt und kontrolliert.
(vgl. Muller, Mössner 2011, S.65f.)

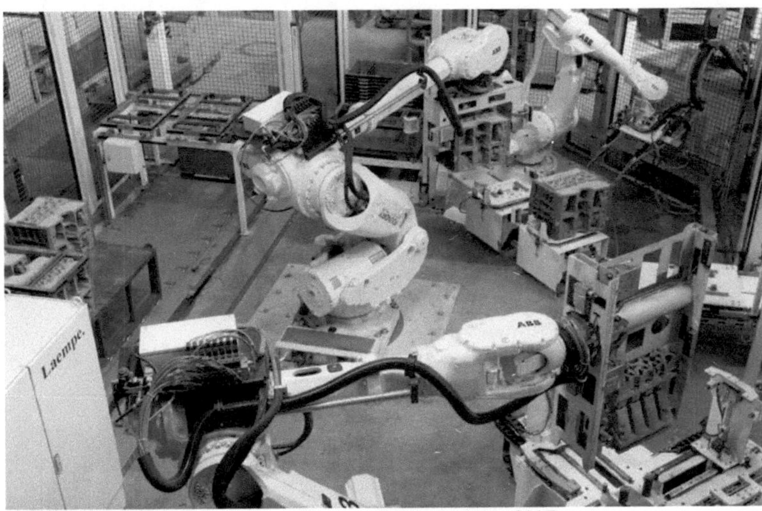

**Abbildung 5: Automatisierte Kernfertigung (Quelle: Laempe, 2015)**

## 2 Grundlagen, Stand der Technik

### 2.1 Übersicht der Kernherstellungsverfahren

Für die Fertigung verlorener Kerne sind die folgenden Kernherstellungsverfahren gebräuchlich.

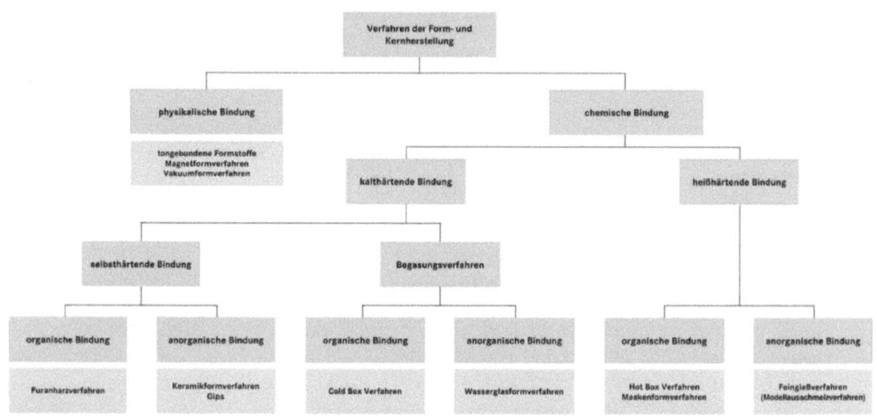

**Abbildung 6: Übersicht der Verfahren zur Form- und Kernherstellung (Quelle BDG, 2015)**

Zur Herstellung von Kernen werden heute nahezu ausschließlich Verfahren mit chemischer Bindung eingesetzt. (Abbildung 6)
Bei diesen wird der Formgrundstoff mit einem Binder vermischt. Nach Zugabe eines Härters kommt es zu einer chemischen Reaktion wodurch die
einzelnen Sandkörner miteinander verkleben. Hierdurch erhält der Kern
seine erforderliche Festigkeit. Diese liegt 10- bis 20-mal so hoch wie bei
tongebundenen Verfahren.
Die chemisch härtenden Formverfahren lassen sich weiter in drei Haupt-
gruppen unterteilen:

- Kaltselbsthärtende Formverfahren
- Begasungshärtende Formverfahren
- Heiß- oder warmhärtende Formverfahren

Eine weitere Unterscheidung lässt sich nach Art des Bindersystems, in or-
ganische und anorganische Binder vornehmen. (vgl. Bühring-Polaczek et
al. 2014, S.210f.)

Da die kaltselbsthärtenden Verfahren aufgrund ihrer längeren Aushärte-
zeiten in der maschinellen Kernfertigung keine Rolle spielen, soll hier nicht
näher auf sie eingegangen werden.
Der Inhalt des folgenden Abschnittes beruht im Wesentlichen auf den Ausführungen von Hartmut Polzin (vgl. Bühring-Polaczek et al. 2014, S.216ff.)

Für die maschinelle Kernfertigung spielen die begasungshärtenden Verfahren eine große Rolle. Hierbei erfolgt die Aushärtung durch Begasung mit einem gasförmigen Härter oder Katalysator. Dadurch erfolgt die Verfestigung im Bereich weniger Sekunden wodurch Vorteile für die Serien-, und Großserienproduktion entstehen.

Zu den Begasungshärtenden Verfahren zählen: das PUR-Cold-Box-Verfahren, das Resol-$CO_2$-Verfahren, das $SO_2$-Verfahren und das Wasserglas-$CO_2$-Verfahren.

## 2.1.1 Begasungshärtende Verfahren

### 2.1.1.1 PUR-Cold-Box-Verfahren

Dieses Verfahren ist mit derzeit 60-70% Anteil das wichtigste begasungshärtende Kernformverfahren in Deutschland. Dem Formgrundstoff werden bei diesem Verfahren zwei Binderkomponenten zugegeben. Eine Komponente ist dabei ein Phenolharz und die andere Komponente ist ein Polyisocyanat. Die Binderanteile schwanken hier von ca. 0,5% bis ca. 0,9%, je nach Werkstoff und Geometrie der Kerne. Die Aushärtung der Kerne erfolgt durch Begasung mit einem Katalysator. Hierbei wird ein Amin-Luft-Gemisch verwendet. Als Amine kommen hier DMEA (Dimethylamin) oder TEA (Trithylamin) zum Einsatz. Nach dem Durchleiten des Amins durch den Kern muss dieses wieder aufgefangen und häufig in einem Aminwäscher nachbehandelt werden.

Zu den Vorteilen dieses Verfahrens zählen:
- hohe Produktivität
- hohe Festigkeiten
- gutes Zerfallsverhalten nach dem Abguss
- gute Fließfähigkeit des Formstoffes
- geringe Anfälligkeit gegen Umgebungseinflüsse wie Temperatur und Feuchtigkeit

Problematisch sind bei dem Verfahren der Arbeits- und der Umweltschutz wobei die Hersteller hier mit Weiterentwicklungen reagieren. (s. Kapitel 3)

### 2.1.1.2 Resol-$CO_2$-Verfahren

Bei diesem Verfahren wird als Bindemittel ein alkalisches Phenolresolharz verwendet und zur Härtung kommt Kohlendioxid zum Einsatz. Die Bindergehalte liegen hier bei 1,8%-2,5%.
Es werden hier keine so hohen Festigkeiten wie beim PUR-Cold-Box-Verfahren erreicht, wodurch keine sehr komplexen Kerngeometrien realisiert werden können.

### 2.1.1.3 $SO_2$-Verfahren

Das Verfahren basiert auf einem organischen Bindemittel auf Furanharzbasis. Zusätzlich kommt als Oxidator Peroxid zum Einsatz.

Der Kern wird nach der Fertigung mit Schwefeldioxid begast. Dieses reagiert mit dem Oxidator und bildet Schwefelsäure. Durch diese härtet der Kern sehr schnell aus. Mit diesem Verfahren können geometrisch schwierige Kerne hergestellt werden. Bei diesem Verfahren muss die Maschine komplett gekapselt werden, da hier das Stickgas $SO_2$ verwendet wird.

## 2.1.1.4 Wasserglas-$CO_2$-Verfahren

Das Wasserglas-$CO_2$-Verfahren ist das älteste Cold-Box-Verfahren überhaupt. Bei diesem Verfahren wird die anorganische Verbindung Wasserglas (Alkalisilikatlösung) als Binder verwendet. Der Kern wird hierbei mit $CO_2$ begast und härtet dadurch aus. Es werden ca. 2-3% Binder zugegeben. Vorteilhaft an diesem Verfahren ist das Fehlen schädlicher Gase und Dämpfe, die unproblematische Abfallentsorgung und die einfache Handhabung.

## *2.1.2* Heiß- und Warmhärtende Formverfahren

Bei diesen Verfahren erfolgt die Verfestigung in einem temperierten Werkzeug. Die Grenze zwischen Warm- und Heißhärtung liegt bei ca. 200 °C. Bei diesen Verfahren sind die maximalen Kerngrößen viel stärker begrenzt. Das maximale Kernvolumen beträgt in etwa 5l wobei der Kern hierbei bis zur Durchhärtung einige Minuten im Kernformwerkzeug verbleiben muss. Nachteile bei diesen Verfahren sind die geringe Produktivität und die hohen Werkzeug- und Energiekosten.

## 2.1.2.1 Hot-Box- und Warm-Box-Verfahren

Zu den Heiß- und Warmhärtenden Formverfahren zählen auch das Hot-Box- und das Warm-Box-Verfahren. Diese heißen so, weil die Kerne hier in temperierten Werkzeugen hergestellt werden. Die Temperierung der Werkzeuge erfolgt durch eine Gas- oder Elektroheizung. Beim Hot-Box-Verfahren werden Phenol- oder Harnstoffharze als Binder verwendet, welche bei 220-260 °C aushärten. Beim Warm-Box-Verfahren hingegen kommt Furanharz zum Einsatz, welches bei 160-180 °C aushärtet.

## 2.1.2.2 Maskenformverfahren (Croningverfahren)

Zu den heißhärtenden Verfahren gehört auch das Maskenformverfahren, welches häufig auch als Croningverfahren (nach seinem Erfinder Johannes Croning) bezeichnet wird. Dabei kommt ein trockener, rieselfähiger Formstoff zum Einsatz welcher aus Quarzsand besteht der mit einem Binder umhüllt ist. Bei den vorher genannten Verfahren wird der Binder als Flüssigkeit zugegeben.

Die Binderhülle besteht hier aus Phenolharz und einem Härter (Hexamethylentetramin). Diese Komponenten werden zusammen mit einem Gleitmittel erwärmt und bilden dann eine Hülle um die Quarzkörner, wobei sich hierbei schon ein bestimmter Vorkondensationsgrad einstellt. Um den fertigen Formstoff zu erhalten, finden nach der Abkühlung noch eine Kornvereinzelung und eine Entstaubung statt.

Diese Umhüllung findet heute meist bei den Lieferanten statt, welche den Formstoff als fertige Ware zur Verfügung stellen.

Der fertige Formstoff wird dann bei der Kernherstellung in das Werkzeug, welches auf ca. 250 - 300 °C erwärmt wurde, eingeschüttet bzw. eingerieselt. Durch die Temperatur findet eine weitere Kondensation der Binderhüllen statt, wodurch diese miteinander verkleben. Nachdem die erforderliche Wandstärke des Kernes erreicht wurde, wird das Werkzeug gedreht und so der überflüssige Formstoff entfernt. Dieser kann wieder zur Kernherstellung verwendet werden. Die so entstandenen Kerne werden dann noch nachgehärtet wodurch sie ihre Endfestigkeit erhalten.

Die Vorteile dieses Verfahrens liegen in der hohen Gasdurchlässigkeit durch die Verwendung von Hohlkernen und dem guten Zerfallsverhalten. Ebenfalls lassen sich sehr filigrane Konturen mit diesem Verfahren realisieren, welche z.B. bei der Fertigung von Hydraulikkomponenten zum Einsatz kommen.


## 2.1.3 Verfahren mit anorganischen Bindern

Bei den Verfahren mit anorganischen Bindern gab es zwei Bindersysteme, welche in den letzten Jahren Beachtung fanden. Zum einen die Salzbinderssysteme die Wärme zur Aushärtung nutzen. Die Kerne wurden entweder durch Warmluftbegasung oder durch Mikrowellentrocknung ausgehärtet. Leider wurde dieses Bindersystem nicht weiterentwickelt.

Das zweite anorganische Bindersystem basiert auf einer Alkalisilikatlösung (Wasserglas). Durch Zugabe von Additiven können hier die Fließfähigkeit, die Feuchtigkeitsresistenz oder das Zerfallsverhalten verbessert werden. Bei diesem Bindersystem erfolgt die Verfestigung durch Trocknung wodurch Festigkeiten erreicht werden, welche 10-mal so hoch liegen wie beim klassischen Wasserglas-$CO_2$-Verfahren.

Um diese Festigkeiten zu erreichen müssen die Werkzeuge temperiert werden. Häufig wird an die Warmhärtung des Kernes im Werkzeug noch eine Warmluftbegasung angeschlossen um die Taktzeiten zu senken und die Werkzeugtemperaturen unter 200 °C zu halten.

## 2.2 Verfahrensablauf in der maschinellen Kernfertigung

Generell erfolgt die Herstellung der Kerne bei der maschinellen Kernfertigung auf Kernschießmaschinen. Auf ihnen können Kerne in größeren Stückzahlen unter gleichbleibender Qualität rationell hergestellt werden.

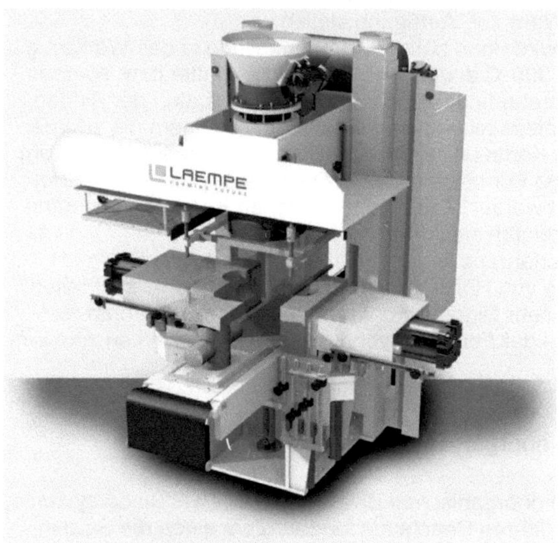

**Abbildung 7: Kernschießmaschine (Quelle: Laempe, 2015)**

Die Hauptarbeitsgänge bei der maschinellen Kernfertigung sind:
- Einbringen des Formstoffes
- Verfestigung und Härtung
- Öffnen des Werkzeuges
- Ggf. ziehen von Losteilen
- Entnahme der Kerne

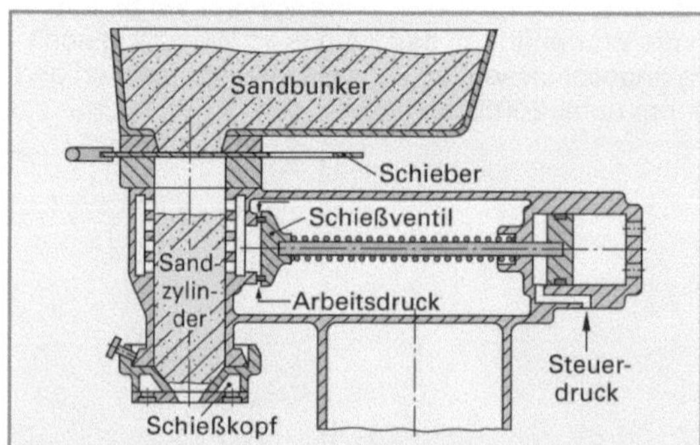


**Abbildung 8: Prinzip einer Kernschießmaschine (Quelle: Roller et al. 2015)**

Das Einbringen des Formstoffes in das Kernformwerkzeug erfolgt durch das sogenannte Kernschießen. Hierbei wird der Formstoff aus einem Sandbunker in einen Sandzylinder eingefüllt. Danach erfolgt eine Druckbeaufschlagung mit ca. 3-8 bar, wodurch der Formstoff aus dem Sandzylinder in das Kernformwerkzeug "geschossen" und dort verdichtet wird. (Abb. 8) (vgl. Roller et al. 2015, S.120f.)
Während dem Schießen hat die Luft, welche auf den Sandzylinder wirkt vor allem zwei Aufgaben. Erstens wird das Sandgemisch fluidisiert indem die Luft dieses durchströmt. Zweitens wird das Sandgemisch aufgrund eines Druckgradienten in den Kernkasten eingebracht. Eine Bewegung des Sandgemisches in den Kernkasten ist erst durch die Fluidisierung möglich. Ansonsten könnte das Sandgemisch auch durch einen Stempel in den Kernkasten gedrückt werden.
Eine wichtige Variable beim Kernschießen ist der Schießdruck. Durch diesen können in Abhängigkeit vom Schusssystem der Kernschießmaschine und der Geometrie des Kernkastens die Fluidisierung und die Beschleunigung des Sand-Luft-Gemisches verändert werden.
Bei zu geringem Schießdruck wird das Sandgemisch nicht ausreichend fluidisiert und es werden nicht alle Bereiche des Kernkastens gefüllt. Bei zu hohem Schießdruck erfolgt erhöhter Verschleiß am Kernkasten und ggf. werden nicht alle Konturbereiche gefüllt, da dort eingebrachte Luft nicht schnell genug entweichen kann. (vgl. Wintgens 2005, S.284)

In der maschinellen Kernfertigung findet die Endverfestigung der Kerne durch zwei Methoden statt.
- Härten durch Gase
- Härten durch Wärme

Der Vorgang findet nach dem Kernschießen im geschlossenen Kernformwerkzeug statt.

Bei der Härtung durch Gas wird ein Gas durch den Kern geleitet, wodurch dieser seine notwendige Festigkeit erreicht. Nur wenn dort alle Bereiche des Kernes erreicht werden, kann dieser vollständig aushärten. In der Regel wird im Anschluss an die Begasung noch Spülluft durch den Kern geleitet, welche das zur Härtung des Kernes notwendige Gas weiter im Kern verteilt und die überflüssigen Mengen davon aus dem Kern entfernt und der Aufbereitungsanlage zuführt.
(vgl. Hansel 2000, S.4)

Um die Abführung der Restdämpfe zu realisieren sind vor allem zwei Systeme üblich. Zum einen das offene System, bei welchem die Restgase aus dem Kernformwerkzeug austreten und dann dort abgesaugt werden. Dieses System ist weit verbreitet, da es ohne größeren Aufwand an den Kernformwerkzeugen eingesetzt werden kann.

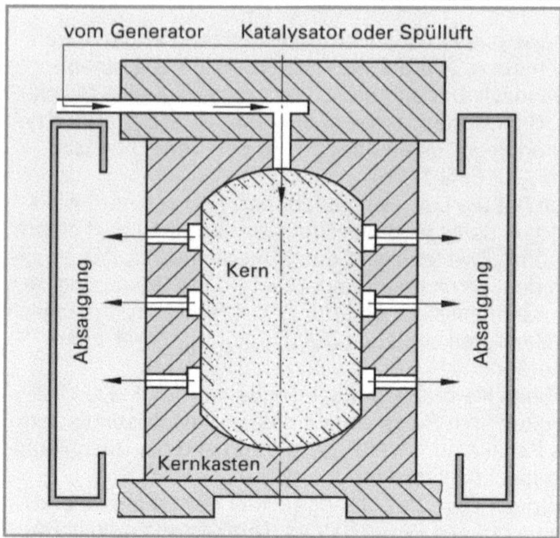


**Abbildung 9: Offenes System (Quelle: Roller et al. 2015)**

Zum anderen wird das geschlossene System eingesetzt. Bei diesem werden die Restdämpfe aus dem Kernformwerkzeug direkt in eine Absaugung geleitet. Hierbei müssen die Kernformwerkzeuge mit zusätzlichen Teilungen und Dichtungen versehen werden, so dass dieses System nur in der Serienfertigung Anwendung findet.
(vgl. Roller et al. 2015, S.128)

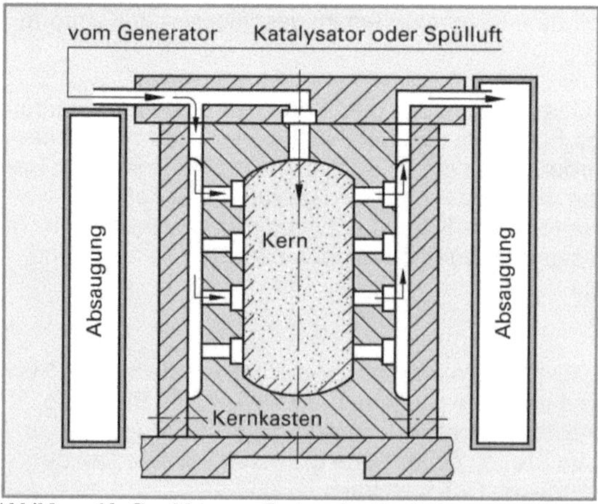


**Abbildung 10: Geschlossenes System Quelle: Roller et al. 2015)**

 Bei der Härtung der Kerne durch Wärme werden die Kerne im temperierten Werkzeug durch Wärme ausgehärtet. Bei der Temperierung der Werkzeuge werden u.a. zwei Ausführungen angewendet. Die Werkzeuge können hierbei entweder mit Gas oder elektrisch beheizt werden.

Bei Verwendung einer Gasheizung sind die Werkzeuge einfacher in der Konstruktion, die Energiekosten sind geringer und die Werkzeuge können schneller aufgeheizt werden, da die Heizleistung der Flamme größer ist. (vgl. Roller et al. 2015, S.129)

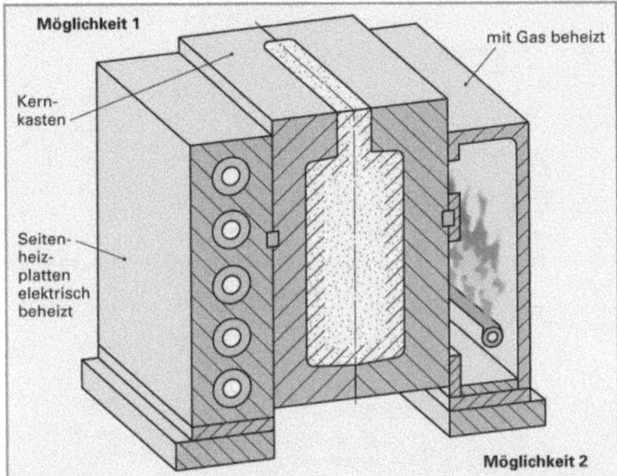


**Abbildung 11: Möglichkeiten zur Temperierung von Kernformwerkzeugen (Quelle: Roller et al. 2015)**

Beim Einsatz anorganischer Bindemittel werden die Werkzeuge teilweise auch mit Dampf oder Öl beheizt. Hierbei wird der Härtevorgang in zwei Phasen unterteilt. Bei der Phase Backen wird entsteht am Kern im geschlossenen Werkzeug eine harte Kernschale wobei Wasserdampf freigesetzt wird. Im Anschluss erfolgt die Phase Spülen wobei der Wasserdampf mittels erwärmter Luft aus dem Kern gespült wird.
(vgl. Faller, Mössner 2009, S.73)

Nachdem die Kerne die erforderliche Festigkeit erreicht haben, werden evtl. vorhandene Losteile automatisch zurückgefahren und der Kernkasten geöffnet. Falls Losteile nicht automatisch betätigt werden können, werden diese nach dem Öffnen des Kernkastens von Hand entfernt. Nachdem der Kernkasten geöffnet und die Losteile gezogen wurden, wird der Kern über Auswerferstifte aus der Kernkastenhälfte gelöst und kann entnommen werden. (vgl. Roller et al. 2015, S.121)

Bei der Fertigung von Großserien geschieht das Entnehmen der Kerne meist durch Roboter. Danach können in einem verketteten System weitere Arbeitsschritte wie z.B. die Entgratung der Kerne, die Montage der Kerne und / oder das Schlichten der Kerne erfolgen. (vgl. Roller et al. 2015, S.149)
Da anorganisch gebundene Kerne bruchanfälliger sind, ist hier besondere Aufmerksamkeit auf das Kernhandling und den Transport zu legen. Kerngreifer für Roboter, Entgrateinrichtungen, Transportpaletten und Montageequipment müssen hier sehr genau ausgeführt werden damit die Kerne nicht beschädigt werden. (vgl. Faller, Mössner 2009, S.73)

Um die Vielfältigkeit der Prozesskenngrößen und die Komplexität der maschinellen Kernfertigung zu verdeutlichen sind in Abb.12 die Einflussfaktoren auf den Fertigungsprozess, hier exemplarisch für das Urethan-Cold-Box Verfahren, dargestellt.

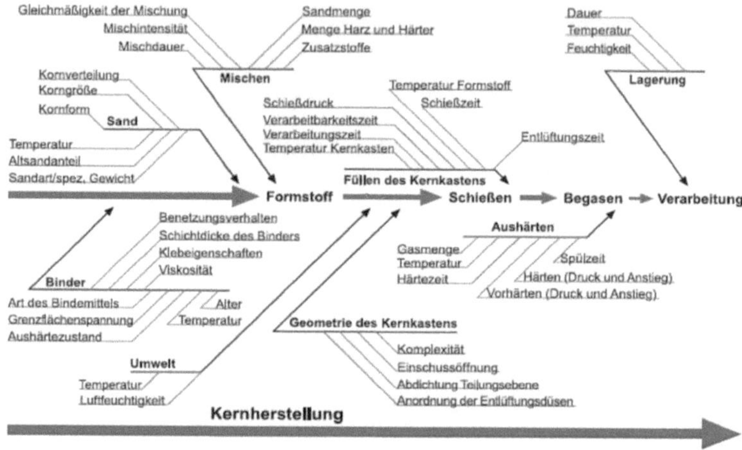


**Abbildung 12: Einflussfaktoren bei der Kernherstellung (Quelle Wolff, 2009)**

## 2.3   Maschinen- und Anlagenbestandteile

Eine Anlage für die maschinelle Kernfertigung besteht aus den folgenden Hauptkomponenten:
- Kernsandmischer
- Kernschießmaschine
- Begasungsgerät
- Kernformwerkzeug
- ggf. Wäscher
- Handhabungs-, Kontroll- und Transporttechnik

Der Kernsandmischer dient der Aufbereitung des Kernformstoffes. In Ihm wird der Formgrundstoff mit dem Binder und ggf. mit Additiven vermischt. Meist sind die Kernsandmischer mit schaufelartigen Mischwerkzeugen im Innenraum ausgerüstet welche durch Rotation eine homogene Mischung aus den einzelnen Komponenten erzeugen. Wichtig hierbei sind eine gute Durchmischung der Komponenten, eine entsprechende Verschleißfestigkeit der Anlagenbestandteile und eine kurze Mischdauer.

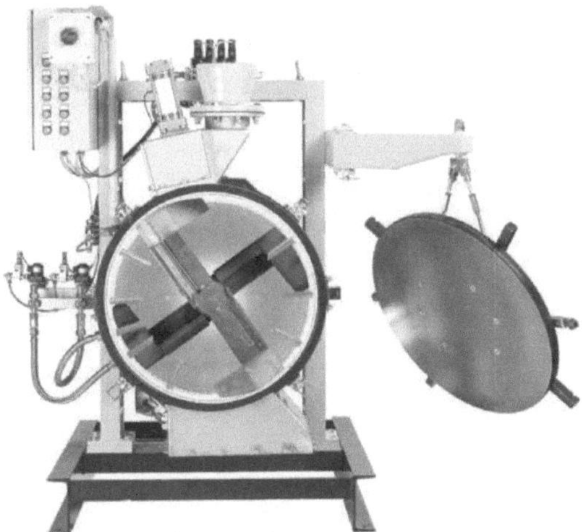

**Abbildung 13: Kernsandmischer (Quelle: Klein AG 2015)**

Bei Kernschießmaschinen wird der Formstoff über eine Sandschurre in einen Sandbehälter eingebracht. Dieser besteht meist aus einem Zylindrischen Rohr. Durch ein sich öffnendes Schussventil wird die in einem Luftvorratsbehälter komprimierte Luft in den Sandbehälter und in den darunter liegenden Schießkopf geleitet und somit das Sand-Luft-Gemisch in den Kernkasten geleitet. Eine Begasungsplatte wird auf der einen Seite mit dem Begasungsgerät verbunden und kann auf das Kernformwerkzeug fahren um die Begasung der Kerne vorzunehmen. Über eine Spann- und Trennvorrichtung kann das Kernformwerkzeug aufgespannt und auseinander gefahren werden. Über eine Kernausdrückvorrichtung können im Kernformwerkzeug liegende Auswerferstifte betätigt werden. Das Verfahren der einzelnen Komponenten erfolgt meist hydraulisch über ein Hydraulikaggregat.

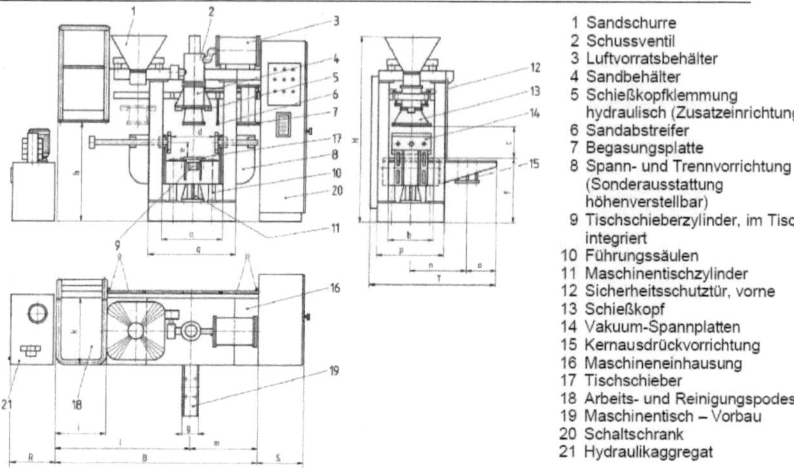

Abbildung 14: Komponenten einer Kernschießmaschine (Quelle: Klann Anlagentechnik 2015)

1 Sandschurre
2 Schussventil
3 Luftvorratsbehälter
4 Sandbehälter
5 Schießkopfklemmung hydraulisch (Zusatzeinrichtung)
6 Sandabstreifer
7 Begasungsplatte
8 Spann- und Trennvorrichtung (Sonderausstattung höhenverstellbar)
9 Tischschieberzylinder, im Tisch integriert
10 Führungssäulen
11 Maschinentischzylinder
12 Sicherheitsschutztür, vorne
13 Schießkopf
14 Vakuum-Spannplatten
15 Kernausdrückvorrichtung
16 Maschineneinhausung
17 Tischschieber
18 Arbeits- und Reinigungspodest
19 Maschinentisch – Vorbau
20 Schaltschrank
21 Hydraulikaggregat

Begasungsgeräte dienen dazu, bei den begasungshärtenden Kernherstellungsverfahren das Gas zur Verfügung zu stellen mit welchen die Kerne ausgehärtet werden. In Ihnen werden die, in der Regel bei Raumtemperatur flüssigen Katalysatoren durch Verdampfen mit einem Trägermedium (zumeist trockene Luft) vermischt und durch den Kern geleitet.
(vgl. Hasse 2015)

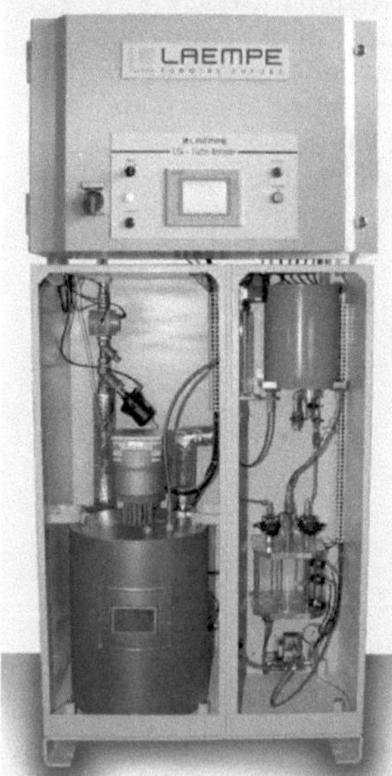

Abbildung 15: Begasungsgerät (Quelle: Laempe 2015)

Kernformwerkzeuge (oft auch als Kernkästen bezeichnet) werden aus
Holz (meist bei kleineren Serien), Kunststoff oder aus Metall gefertigt. Sie
können horizontal- oder vertikal geteilt, und zweiteilig oder mehrteilig sein.
Für das anorganik bzw. für die heiß- und warmhärtenden Kernherstel-
lungsverfahren werden diese auch beheizbar ausgeführt.
Oft sind Kernformwerkzeuge auch mit Einschuss- und Begasungsdüsen
ausgestattet. Hierdurch entfällt das Entfernen der Einschusszapfen am
Kern nach der Herstellung.
Sehr wichtig hierbei ist die Ausführung der Einschussdüsen.
Durch geänderte Innengeometrien können hier verschiedene Formstoff-
geschwindigkeiten und Massenströme erreicht werden.
Dies wird durch eine Änderung im Formstoff/Luft-Verhältnis erreicht, wodurch sich die Füllbedingungen, die Klebneigungen und der Werkzeugver-
schleiß wesentlich beeinflussen lassen. (vgl. Kessler et al. 2009, S.70f.)

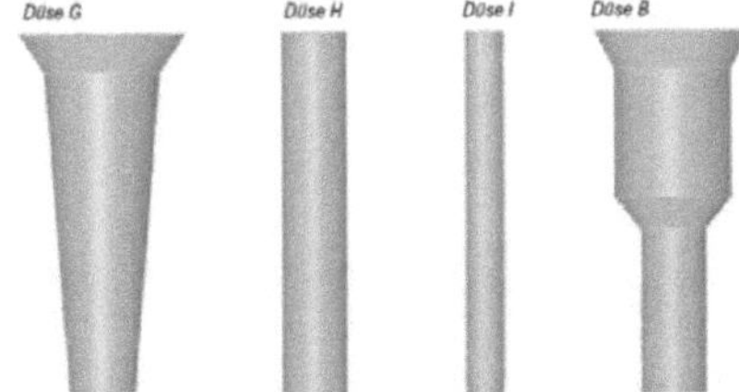


**Abbildung 16: Innengeometrien der Schießdüsen (Quelle: Kessler et al. 2009)**

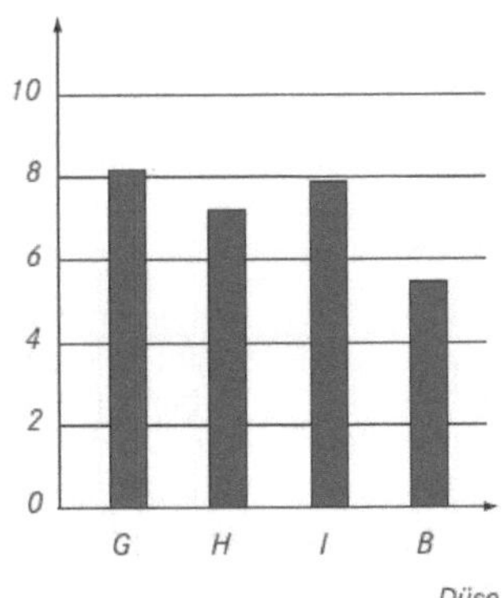


**Abbildung 17: Formstoffgeschwindigkeit (Quelle: Kessler et al. 2009)**

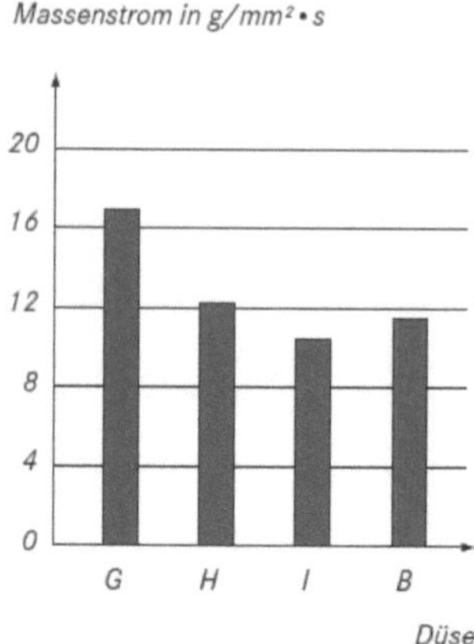



**Abbildung 18: Massenstrom der Düsen (Quelle: Kessler et al. 2009)**

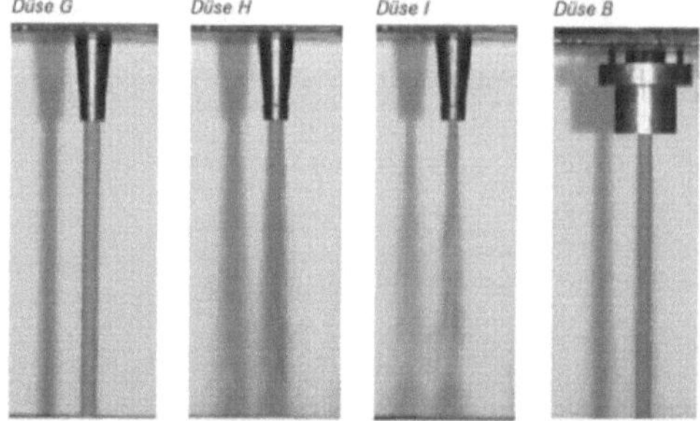



**Abbildung 19: Ausprägung des Formstoffstrahls (Quelle: Kessler et al. 2009)**

Sollten in der Begasungsluft gesundheitsschädliche Komponenten enthalten sein (z.B. Amine), müssen diese beseitigt werden. Hierzu gibt es mehrere Verfahren. Sie können z.B. verbrannt, gefiltert oder durch biologische oder chemische Wäscher aus der Begasungsluft entfernt werden. Biologische Wäscher bieten Vorteile bezüglich Umweltbelastung und Eignung für alle möglichen Formverfahren. Chemische Wäscher sind einfacher zu bedienen, haben jedoch den Nachteil, dass die anfallende Waschflüssigkeit entsorgt werden muss.
(vgl. Tilch 2015, S.66)

Als Handhabungshilfen zur Kernentnahme und der weiteren Verarbeitung kommen meist spezielle manuelle Greifer oder Robotergreifer zum Einsatz. Diese können als konventionelle Greifer mit Greiferfingern oder auch mit einem Saugsystem, welches die Kerne mittels Unterdruck fixiert ausgeführt sein. Um die Kerne zu entgraten werden oft Entgratschablonen verwendet. In diese wird der Kern eingelegt und fixiert bevor eine Matrize mit Bürsten nach oben fährt und den Kerngrat entfernt.

Besonders filigrane Kernpartien können über Sensoren auf vorhandensein kontrolliert werden.

**Abbildung 20: Kernentgratschablone (Quelle: Roller et al. 2015)**

## 2.4 Probleme bei der maschinellen Kernherstellung und deren Abhilfemaßnahmen

Probleme bei der maschinellen Kernfertigung können vielfältige Ursachen haben.

Bei der Kernsandaufbereitung ist darauf zu achten, dass der Formgrundstoff frei von Feuchtigkeit und Verunreinigungen ist und dass keine Entmischungen auftreten. Bei den Bindemitteln müssen die Produktinformationen der Hersteller beachtet werden. In diesen sind u.a. Angaben zur Lagerung, Dosierung und Verarbeitungstemperaturen angegeben. Während des Mischens ist die exakte Mischzeit einzuhalten, da diese große Bedeutung für die erreichbare Kernfestigkeit hat.

Bei der maschinellen Kernfertigung selbst sind die Fehlerursachen häufig:
- Kernformstoff wird unzureichend fluidisiert und in den Kernkasten transportiert.
- Entlüftungsdüsen im Kernkasten sind falsch dimensioniert, angeordnet oder verstopft, was mangelnde Verdichtung zur folge hat.
- Die Begasung erfolgt unvollständig.
- Kernbruch durch Ausstosser infolge mangelnder Kernfestigkeit und/oder schlagartiger Bewegungen.

Wenn der Kernformstoff unzureichend fluidisiert wird bilden sich Luftkanäle in diesem, was unweigerlich zum Abbruch des Fließvorganges und damit zu unzureichender Kernkastenfüllung führt. Der Sand- und Schießzylinder der Anlage sind regelmäßig zu reinigen.

Dadurch wird verhindert, dass sich gealterter Kernformstoff mit frischem Kernformstoff vermischt. Kerne mit Oberflächen aus Altformstoff neigen zum Rieseln.

Die Kerne sollten, wenn möglich nicht in kalten zugigen Kernlagern gelagert werden, da (speziell bei Cold-Box-Kernen) durch die Feuchtigkeit ein Festigkeitsverlust entsteht. (vgl. Schrey 2000, S.2ff.)

Im Folgenden sollen Fehler dargestellt werden, welche an Gussteilen auftreten und ihre Ursachen in der Kernfertigung haben können.

## 2.4.1 Blattrippen

Blattrippen sind dünne, rippenartige metallische Erhebungen in Winkeln oder in Ecken und Kanten von Gussstücken. Sie entstehen primär durch die thermisch bedingte Ausdehnung, meist an chemisch verfestigten Formstoffen.

**Abbildung 21: Blattrippen an einem Kernbereich eines Gussteiles (Quelle: Hasse 2002)**

Durch die Ausdehnung entstehen Risse an der Kernoberfläche, in welche Metall eindringen kann. Da Quarzsand sich oberhalb von 400 °C sehr stark ausdehnt, sind Formteile daraus sehr gefährdet. Auch der Binder und ggf. Zusätze und deren Hochtemperaturverhalten haben Einfluss auf die Bildung von Blattrippen.

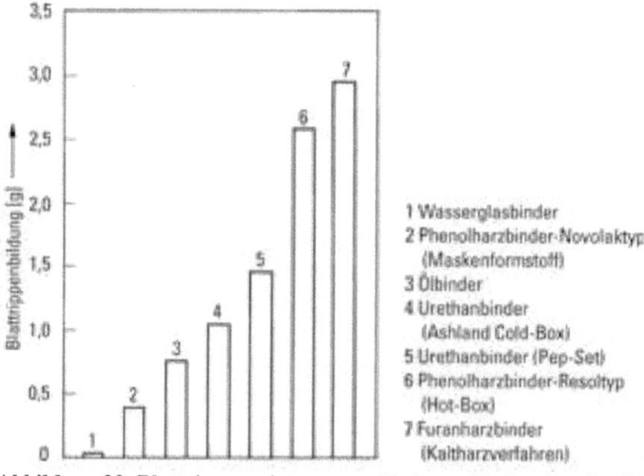


**Abbildung 22: Blattrippenneigung verschiedener Binder (Quelle: Hasse 2002)**

Die verschiedenen Binder und deren Neigung zur Bildung von Blattrippen können aus Abb. 22 entnommen werden.
Die folgenden Abhilfemaßnahmen lassen sich im Zusammenhang mit Blattrippen ableiten:

- Einsatz eines Sandes mit niedrigem Gleichmäßigkeitsgrad. (Damit nicht alle Quarzkörner die Umwandlungstemperatur gleichzeitig durchlaufen)
- Verringerung der Verdichtungsintensität um die Packungsdichte und damit die Spannungen zu reduzieren.
- Verwendung eines Formgrundstoffes mit einer höheren Wärmeleitfähigkeit. Hierdurch entsteht ein geringerer Spannungsunterschied im Kornverbund.
- Verwendung von Formstoffzusätzen wie Holzmehl oder Eisenoxid.

(vgl. Hasse 2002, S.33ff.)

### 2.4.2 Formerosion (Sandeinschlüsse)

Von Sandeinschlüssen spricht man wenn Sandpartikel im Gusskörper oder an der Gussoberfläche eingeschlossen werden. Dieser Fehler führt nicht immer zum Ausschuss aber meist zu entsprechender Nacharbeit. Sandeinschlüsse können entstehen wenn loser Formsand in die Form gelangt. Dies kann z.B. durch schlecht verdichtete Formen oder Kerne oder durch losreißen des Formstoffes beim Gießen geschehen. Auch zu geringe Binderanteile mit ungenügender Aushärtung können bei harzgebundenen Form- und Kernteilen in Frage kommen.

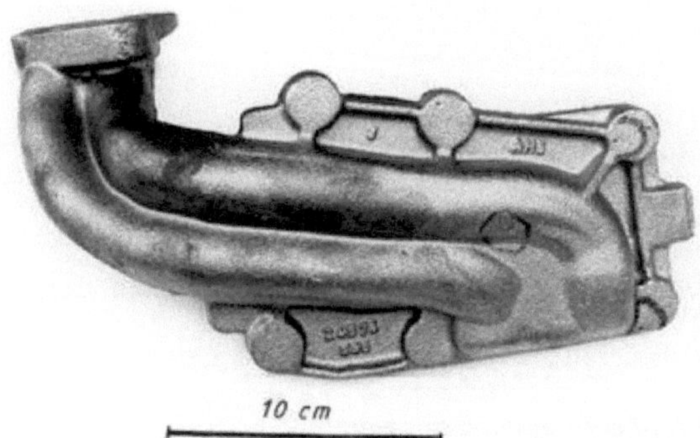


**Abbildung 23: Sandeinschlüsse an einem Gussteil (Quelle: Hasse 2002)**

Im Bezug auf die Kernfertigung lassen sich die folgenden Abhilfemaßnahmen nennen:
- Bindergehalt erhöhen und ggf. mittlere Korngröße verringern
- Höhere Verdichtung anstreben
- Gleichmäßiger Begasen
- Kerngrat wenn möglich nicht verschleifen um keine Körner aus dem Verbund herauszulösen

(vgl. Hasse 2002, S.77f.)

### 2.4.3 Gasblasen

Gasblasen sind meist durch den Formstoff bedingte Gaseinschlüsse, welche im Gusswerkstoff eingeschlossen sind. Zu erkennen sind diese durch rundliche, glatte Wände. Speziell bei der Kernherstellung hat die Auswahl des Harz-Binder-Systems eine große Auswirkung auf die Bildung von

Gasblasen. Ebenso können unzureichend getrocknete Schlichteüberzüge auf Kernen eine Blasenbildung auslösen. In den folgenden Tafeln sind die relativen Blasenbildungen bei Verwendung unterschiedlicher Kernbindersysteme dargestellt.

| System | Gasdurchlässigkeit | Blasenbildung |
| --- | --- | --- |
| Hot-Box | niedrig | mäßig |
| (Phenol-Formaldehyd) | hoch | keine |
| Croning | niedrig | sehr stark |
| | hoch | spärlich |
| Kernöl | niedrig | sehr stark |
| | hoch | spärlich |

Gießtemperatur 1480 °C
Gießzeit 14 s
Kernmarkendurchmesser 19 mm

Tafel 1. Relative Blasenbildung in Gußstücken bei Verwendung warmhärtender Bindersysteme.

| System | Gasdurchlässigkeit | Blasenbildung |
| --- | --- | --- |
| Phenol-Urethanharz | niedrig | stark |
| | hoch | keine |
| Furanharz | niedrig | sehr stark |
| | hoch | keine |
| Alkyd-Isozyanat | niedrig | mäßig |
| | hoch | keine |
| Natriumsilicat | niedrig | sehr stark |
| | hoch | mäßig |

Gießtemperatur 1480 °C
Gießzeit 14 s
Kernmarkendurchmesser 19 mm

Tafel 2. Relative Blasenbildung in Gußstücken bei Verwendung kalthärtender Bindersysteme.

| System | Gasdurchlässigkeit | Blasenbildung |
| --- | --- | --- |
| Phenol-Urethan/Amin | niedrig | stark |
| | hoch | keine |
| Furan/$SO_2$ | niedrig | sehr stark |
| | hoch | keine bis mäßig |

Gießtemperatur 1480 °C
Gießzeit 14 s
Kernmarkendurchmesser 19 mm

Tafel 3. Relative Blasenbildung in Gußstücken bei Verwendung von Cold-Box-Bindern.

(Quelle: Hasse 2002, S.89)

Für die durch Kerne verursachten Gasblasen lassen sich die folgenden Abhilfemaßnahmen nennen:
- Kernluftabführung über die Kernmarken anstreben und ggf. Gasdurchlässigkeit des Formstoffes anstreben
- Binderanteile reduzieren und möglichst langsam reagierende Binder verwenden
- Kerne schlichten (mit Ausnahme der Kernmarken) und diese gründlich Trocknen
- Gröbere Sande verwenden
- Sachgemäße Lagerung der Kerne, besonders bei niedrigen Temperaturen um eine Wasseraufnahme zu verhindern
- Angleichung der Form- und Kerntemperaturen um Kondenswasser zu vermeiden

**Abbildung 24: Gasblasen in einem Gussteil (Quelle: Hasse 2002)**
(vgl. Hasse 2002, S.88ff.)

### *2.4.4* **Grat**

Bezüglich der Kernfertigung tritt der Gussfehler Grat ausschließlich an Passungen zwischen Kernmarken und Form auf.
Wenn hier das Spiel zu groß ist, kann flüssiges Metall in die Zwischenräume eindringen und dadurch einen Grat bilden.
Vermeiden kann man dies nur indem man das Spiel an den Kernlagern verringert.

### *2.4.5* **Kaltriß**

Wenn die im Gussteil auftretenden Spannungen größer sind als die Festigkeit entstehen Kaltrisse. Diese entstehen im Gegensatz zu Warmrissen dann, wenn die Solidustemperatur bereits unterschritten wurde. In der Regel ist eine Schwindungsbehinderung nach der Erstarrung für Kaltrisse ursächlich. Im Bezug auf Kerne spielen die Festigkeit dieser eine wichtige Rolle. Ist die Verdichtung der Kerne zu hoch oder wird ein ungünstiges Kernherstellungsverfahren im Bezug auf den Werkstoff eingesetzt (z.B. stabile Wasserglaskerne für dünnwandigen Leichtmetallguss), können leicht Kaltrisse entstehen.

**Abbildung 25: Spannungsrisse an einem Gussteil (Quelle: Hasse 2002)**

Um Abhilfe zu schaffen kann bei der Kernfertigung die Verdichtung reduziert werden. Ebenfalls kann die Bindemittelmenge reduziert oder ein anderer Binder eingesetzt werden.
(vgl. Hasse 2002, S.162ff.)


### 2.4.6 Kernbruch

Beim Kernbruch bricht der Kern in der Form, wodurch unregelmäßige bruchförmige Oberflächen an den Gussstücken entstehen. Teilweise laufen den die Hohlräume an diesen Stellen auch voll. Der Fehler führt in der Regel zu Ausschuss.

Für Kernbruch kommen die folgenden Ursachen in Frage:
- zu geringe Festigkeit des Kernes
- zu hohe thermische Belastung des Kernes
- unsachgemäßes Handling
- ungenaue Kernmarken und dadurch Auftreten von Spannungen
- schlecht sitzende Kernstützen
- zu starker Druck beim Zulegen der Form
- Einlegen der Kerne bevor diese die Endfestigkeit erreicht haben
- falsche Lagerung bzw. unsachgemäßes Schlichten der Kerne
- falsche Formstoffzusammensetzung (zu geringe Binder bzw. Härteranteile)
- falsch eingesetzte Additive

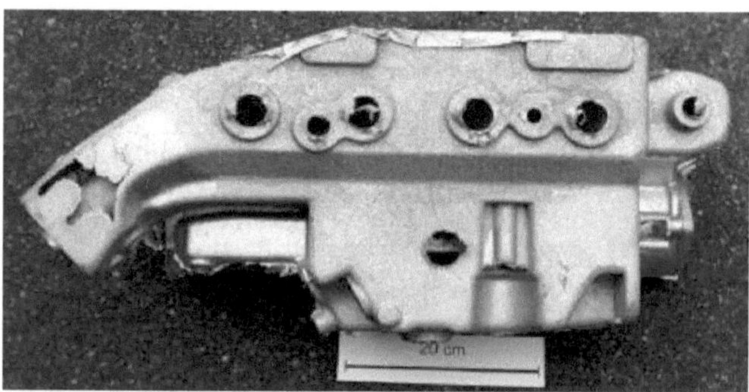


Abbildung 26: Kernbruch an einem Gussteil (Quelle: Hasse 2002)

Abhilfemaßnahmen:
- Formstoffzusammensetzung prüfen. Ggf. Binderanteil erhöhen
- Abstimmung der thermischen Belastung des Kernes auf den Gusswerkstoff
- Lagerung bzw. Schlichten der Kerne so ausführen, dass diese durch Feuchtigkeit keine Festigkeit verlieren
- Kernmarkenspiel an der Modelleinrichtung überprüfen
- Kerneinlegemaske bei automatisierten Formanlagen überprüfen
- Ggf. Kernstützen prüfen und korrekt anbringen
- Kerne sorgfältig Entgraten
(vgl. Hasse 2002, S.172f.)

### 2.4.7 Kernversatz

Von Kernversatz spricht man, wenn zum einen die Innenkontur des Guss-stückes, welche durch den Kern gebildet wird zur Außenkontur versetzt ist und/oder wenn die Kontur welche durch den Kern gebildet wird in sich versetzt ist. Man spricht ebenfalls von Kernversatz wenn ein Außenkern nicht richtig positioniert ist.

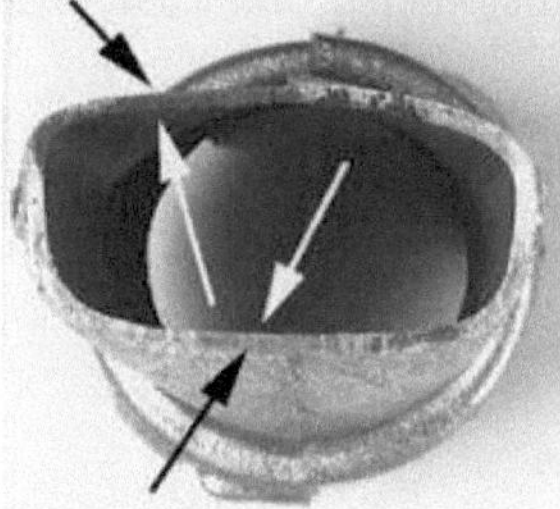

**Abbildung 27: Kernversatz an einem Gussteil (Quelle: Hasse 2002)**

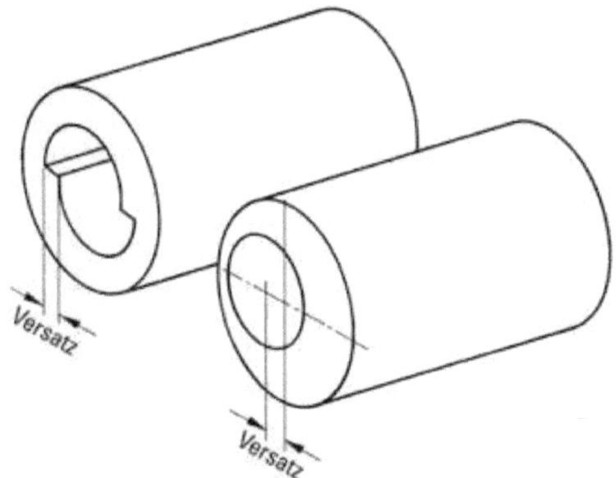


**Abbildung 28: Arten von Kernversatz (Quelle: Hasse 2002)**

Kernversatz kann folgende Ursachen haben:
- Die Kernmarke am Modell ist zu groß, wodurch ein zu großes Spiel beim Einlegen entsteht
- Der Kern kippt oder schwimmt während des Gießens auf
- Die Zentrierungen im Kernkasten sind verschlissen
- Falsche Positionierung der Kerne beim Kleben oder ungeeignete Kleber
- Verschleiß oder Verzug des Kernkastens
- Kernkasten öffnet sich während des Schießens
- Zu dick aufgetragene Schlichte

(vgl. Hasse 2002, S.328ff.)

### *2.4.8* **Glanzkohlenstoffeinschlüsse**

Glanzkohlenstoffeinschlüsse treten bei Überschuss an GK-Bildnern in Form- und Kernsand auf. Hierbei bilden sich Schlieren, Einschlüsse oder Metalltrennungen.
Glanzkohlenstoff bildet sich durch Zersetzung der gebildeten Kohlenwasserstoffhaltigen Gase in reduzierender Atmosphäre bei T≥650 °C. Danach scheidet sich das Glanzkohlenstoffhäutchen an der inerten Oberfläche der Form oder des Kernes ab. Bei der maschinellen Kernfertigung kann eine zu hohe GK-Bildung durch die Reduzierung des Bindergehaltes oder durch den Einsatz eines Binders mit weniger GK-Bildung vermieden werden. Auch durch die Verbesserung der Gasabführung können Glanzkohlenstoffeinschlüsse vermieden werden. Hierbei ist auf schlichtefreie Kernmarken, gröbere Sandkörnungen und geschlichtete Kerne zu achten.
(vgl. Tilch 2015)

## 3    Ausblick, Trends und Herausforderungen

Aktuell wird die Gussteilproduktion immer stärker durch die Strategie der Nachhaltigkeit bestimmt. Die Ziele sind hier u.a. :
- Die Herstellung immer dünnwandigerer Gussteile durch maßgenauere Formteile
- Höhere Produktivität durch weitere Automatisierung
- Arbeitsplatz- und Umweltschutz durch geringere Gefahrstoff- und Geruchsfreisetzung
- Kürzere Entwicklungszeiten z.B. durch Simulation

(vgl. Wolff 2009, S.63)

Gerade im Bereich der verkürzten Entwicklungszeiten stellt das 3D-Drucken von Kernen einen wichtigen Bereich dar.
Dabei werden 3D-CAD-Daten eines Kernes über eine STL-Schnittstelle an eine Software übergeben.
Danach wird Formstoff mit einem Aktivator chargenweise vermischt und in den 3D-Drucker eingebracht und in Schichtstärken von 0,12-0,3mm aufgetragen. Als nächstes erfolgt der selektive Binderauftrag über einen modifizierten Tintenstrahlkopf der sich mäanderförmig bewegt. Nachdem eine Schicht fertig gestellt wurde, wird die Bauplattform abgesenkt und die vorherigen Schritte wiederholt bis der Kern komplett ist. Danach wird noch das überflüssige Material entfernt und der Kern entnommen.
(vgl. Franke 2014, S.105f.)

## 3-D-Druckverfahren

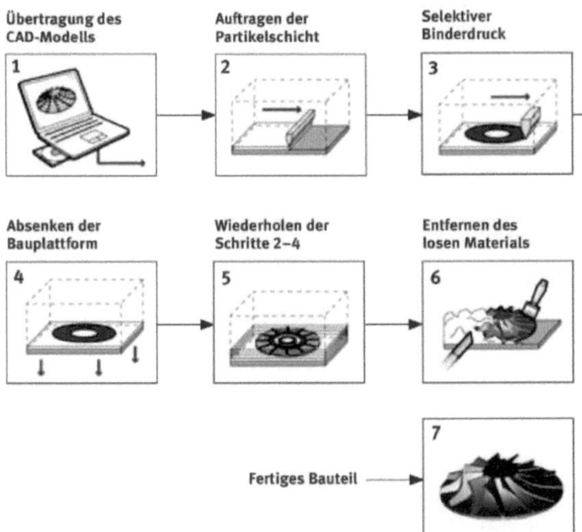


**Abbildung 29: Ablauf des 3D-Druckverfahrens (Quelle: Franke 2014)**

Gerade die Kosten- und Zeitersparnis des 3D-Druckverfahrens in der Prototypenfertigung ist enorm.

### Kosten- und Zeitvergleich

| | Kosten | Zeit |
|---|---|---|
| **Zylinderkopf für einen Vierventil-Motorrad-Boxermotor** | | |
| Konventionelle Prototypenherstellung mit fünf Kernkästen | 50.000 € | 10 Wochen |
| Laser-Sintern aus CAD-Daten für zwei Gussteile | 10.000 € | 2 Wochen |
| Printen von 2 Formen und Kernen für zwei Gussteile | 5.000 € | 1 Woche |
| **PKW Kurbelwelle** | | |
| Konventionelle Prototypenherstellung mit 2 Formplatten und drei Kernkästen | 30.000 € | 10 Wochen |
| Laser-Sintern aus CAD-Daten für zwei Gussteile | 5.000 € | 2 Wochen |
| Printen von 2 Formen und Kernen für zwei Gussteile | 4.000 € | 1 Woche |

**Abbildung 30: Kosten und Zeitvergleich (Quelle: Franke 2014)**

Im Bereich des Arbeits- und Umweltschutz spielt die anorganische Kernfertigung eine wichtige Rolle.
Bei der Kernfertigung mit organischen Bindern entstehen während des Gießens Kondensate und Rauch. Dies hat negative Auswirkungen auf die Arbeitsbedingungen der Mitarbeiter, die Bauteilfestigkeit, die Taktzeit, die Anlagen- und Werkzeugverfügbarkeit sowie die Abluftreinigung und den daraus resultierenden Energieverbrauch.

Bei der anorganischen Kernfertigung erfolgt die Aushärtung des Kernes über eine Polykondensationsreaktion, bei der Wasser abgespalten wird und der Kern durch eine Heißluftspülung im beheizten Werkzeug trocknet. Durch ein Additiv erhalten die Kerne die notwendige Festigkeit und Temperatur- und Feuchtestabilität. (vgl. Kautz et al. 2010, S.77)
In der Kernmacherei können die Werte für Gesamt-C durch eine Umstellung auf Anorganik um mehr als 97% reduziert werden. In der Giesserei sogar um mehr als 99%. Als wirtschaftliche Vorteile können noch genannt werden:

- Bestehendes Invest kann weiter verwendet werden
- Es werden vergleichbare Taktzeiten erreicht
- Vergleichbare Binderkosten
- Keine Abluftreinigung mehr nötig
- Geringerer Kokillenverschleiß
- Vergleichbare oder sogar bessere Gussteilqualität

Als Nachteile sind die höheren Energie- und Werkzeugkosten durch die aufwendigeren, da beheizbaren Werkzeuge, zu sehen.
(vgl. Boehm et al. 2013, S.77)

Einen Vergleich der aktuell gebräuchlichen silikatischen Bindersysteme im anorganik Bereich zeigt die Abbildung 31.

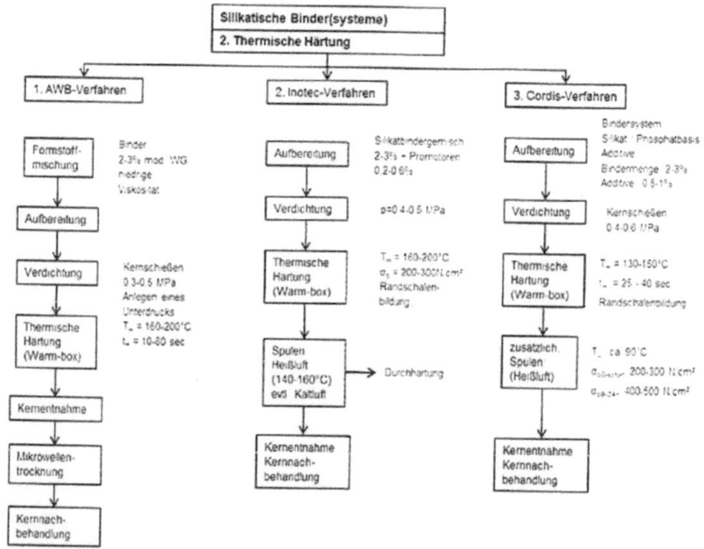


**Abbildung 31: Silikatische Bindersysteme (Quelle: Polzin 2015)**

Problematisch sind bei Anorganik-Anwendungen u.a. das Sinterverhalten im Eisenguss, der Wechsel der heißen Werkzeuge vor allem im Kundenguss, der mögliche Einfluss auf das Bentonit im Grünsandverfahren und die Regenerierung. (vgl. Polzin 2015)

Doch auch bei den organischen Bindersystemen finden laufend weitere Entwicklungen statt. Es wird zwar in der Giessereichemie versucht, den Einsatz organischer Stoffe zu reduzieren und durch anorganische Stoffe zu ersetzen, jedoch ist es aufgrund der technologischen und wirtschaftlichen Voraussetzungen aktuell nicht möglich flächendeckend auf anorganische Bindersysteme umzusteigen.
Bereits im Jahr 1999 wurde ein Cold-Box-System entwickelt, welches Anteile silikathaltiger Lösemittel enthielt und dadurch, im Gegensatz zu den bis dahin verwendeten aliphatischen und aromatischen Lösemitteln in Richtung eines Cold-Box-Systems mit anorganischen Charakter ging. Danach war das Ziel den Anteil der anorganischen Bestandteile Schritt für Schritt zu erhöhen. Es wurde dann eine Bindergeneration entwickelt, welche auf Tetraethylsilicat basiert. Diese beinhaltet die Si-Einheiten nicht nur im Lösemittel sondern auch im Harz. Dadurch können die Vorteile des Cold-Box-Verfahrens mit denen der Anorganik kombiniert werden. Die Kohlenstoffgehalte konnten im Vergleich zu den aromatischen Cold-Box-Systemen um 23% gesenkt werden. Deutliche Fortschritte wurden auch in der Reduzierung der Kondensatmenge gemacht. Diese konnte um bis zu 49% reduziert werden. Dies beruht darauf, dass bei der Verbrennung von Silizium keine flüchtigen Produkte entstehen. Es entsteht vielmehr ein $SiO_2$-Netzwerk welches zwar eine hohe Sprödigkeit aufweist, was jedoch die Zerfallseigenschaften nach der Verbrennung fördert.
(vgl. Gröning, Strunk 2011, S.114ff.)

Aktuell geht die Entwicklung dahin, dass in den Cold-Box-Systemen die beiden Binderkomponenten nicht mehr 1:1 dosiert werden. Die Dosierung der Komponente 2 wird hier reduziert wodurch der Gesamtgehalt des Binders verringert wird. (vgl. Polzin 2015)

## 4 Literaturverzeichnis:


bdg (2015): Übersicht der Form- und Kernherstellung. Online verfügbar unter http://www.guss.de/home/guss-und-giessen/wie-wird-gegossen/, zuletzt geprüft am 19.07.2015.

Boehm, R.; Asal, J.; Münker, B. (2013): Der Weg zu einer wirtschaftlichen und emissionsfreien Gießerei. In: *Giesserei-Rundschau* 60 (3/4), S. 75–77.

Bührig-Polaczek, A.; Michaeli, W.; Spur, G. (2014): Handbuch Urformen. 2. Aufl. München: Hanser (Edition: Handbuch der Fertigungstechnik).

Faller, M.; Mössner, A. (2009): Die Zukunft wartet schon heute. Anorganische Kernherstellung - Umsetzung in der Anlagentechnik. In: *Giesserei* 96 (09), S. 72–75.

Franke, S. (2014): Taschenbuch der Gießerei-Praxis 2015. neue Ausg. Berlin: Schiele & Schön.

Gröning, P.; Strunk, D. (2011): Das Cold-Box-Verfahren - eine bewährte Technologie. In: *Giesserei* 98 (06), S. 114–118.

Hansel, J. (2000): Begasungseinrichtungen. Einführung Begasungsgeräte für gashärtende Kernherstellungsverfahren. Kernherstellungsverfahren mit Aushärtung durch Begasen. VDG-Weiterbildung. Bad Kissingen, 2000.

Hasse, S. (2003): Guß- und Gefügefehler. Erkennung, Deutung und Vermeidung von Guß- und Gefügefehlern bei der Erzeugung von gegossenen Komponenten. 2. Aufl. Berlin: Schiele & Schön.

Hasse, S. (2015): Begasungsgeräte. Online verfügbar unter www.giessereilexikon.com.

Kautz, T.; Weissenbek, E.; Blümlhuber, W. (2010): Anorganische Sandkernfertigung: ein Verfahren mit Geschichte. In: *Giesserei* 97 (09), S. 76–79.

Kessler A.; Wolff, H.; Wolf G. (2009): Experimentelle Untersuchungen zur Erfassung der Vorgänge bei der Kernherstellung zur effizienten Entwicklung und Produktion von Sandkernen. In: *Giesserei* 96 (06), S. 62–71.

Klann Anlagentechnik (2015). Online verfügbar unter http://www.khp-anlagentechnik.de/, zuletzt geprüft am 06.10.2015.

Klein Anlagenbau AG (2015): Kernsandmischer. Online verfügbar unter http://www.klein-ag.de/, zuletzt geprüft am 06.10.2015.

Laempe Mössner Sinto GmbH (2015). Online verfügbar unter http://www.laempe.com, zuletzt geprüft am 18.08.2015.

Muller, G.; Mössner, A. (2011): Maßgeschneiderte Automatisierungslösung rechnet sich. In: *Giesserei* 98 (01), S. 65–67.

Polzin, H. (2015): Anorgansiche Formstoffe / Verfahren. VDG Zusatzstudium Giessereitechnik. Giesserei-Institut. TU Bergakademie Freiberg. Freiberg, 17.09.2015.

Recknagel, U. (2011): Das Maskenformverfahren: Eine deutsche Innovation zur Gussherstellung seit 60 Jahren. In: *Giesserei-Praxis* 62 (6), S. 279–295.

Roller, R.; Buck, V.; Ludwig, J.; Polzin, H.; Pröm, M.; Rödter, H. (2013): Fachkunde für gießereitechnische Berufe. Technologie des Formens und Gießens. Unter Mitarbeit von Rolf Roller, Volkmar Buck, Johann Ludwig, Hartmut Polzin, Manfred Pröm und Hans Rödter. 7., überarb. und erw. Aufl., 1. Dr. Haan-Gruiten: Verl. Europa-Lehrmittel Nourney, Vollmer (Europa-Fachbuchreihe für metalltechnische Berufe).

Schrey, A. (2000): Ursachen für Ausschuss bei der Kernherstellung und Abhilfemassnahmen. Kernherstellungsverfahren mit Aushärtung durch Begasen. VDG-Weiterbildung. Bad Kissingen, 2000.

Tilch, W. (2015): Die Formverfahren. Formstoffbedingte Gussfehler. VDG Zusatzstudium Giessereitechnik. Giesserei-Institut. TU Bergakademie Freiberg. Freiberg, 18.09.2015.

Tilch, W. (2015): Die Kernformverfahren. Fertigungseinrichtungen. VDG Zusatzstudium Giessereitechnik. TU Bergakademie Freiberg. Giesserei-Institut. Freiberg, 18.09.2015.

Tilch, W.; Polzin, H. (2006): Anorganische Formstoffbinder - Totgesagte leben länger. 16. Ledebur-Kolloquium der TU Bergakademie Freiberg. TU Bergakademie Freiberg. Freiberg, 2006.

Wintgens, R. (2005): Druckverläufe in einer Kernschießmaschine. In: *Giesserei-Rundschau* 52 (11/12), S. 284–287.

Wolff, H. (2009): Form- und Kernherstellung mit chemisch gebundenen Formstoffen. In: *Giesserei* 96 (05), S. 54–63.